2013·金堂奖

JINTANGPRIZE

—— 2013中国室内设计年度优秀娱乐空间作品集

CHINA INTERIOR DESIGN ADWARDS 2013
GOOD DESIGN OF THE YEAR ENTERTAINMENT SPACE

金堂奖组委会·编

中国林业出版社
China Forestry Publishing House

VASAIO 維迅陶瓷
Ceramics

Original Stone / Original Wood / Original
原石·原木·原创

"艺术是瓷砖的灵魂"。维迅VASAIO将自然界美学沉淀凝固于瓷砖之上，将自然之美与陶瓷先进工艺完美结合，维迅VASAIO原石和原木以其独有的真实感倾倒大众。取材自然"原石和原木"的原创，是希望将石材的石感，木材的木感还原至瓷砖之上，求真求实，并用最熟悉的原石和原木唤醒人类最深层的记忆，直至心灵。

维迅VASAIO品牌的产品结构完整，既重点突出：梵高印象·原石系列、名木世家·瓷木系列、九龙壁·全抛釉系列等三大类全新产品，也有主次分明的三大类传统产品：玄武岩·仿古砖系列、中华石·抛光砖系列、T&L·超薄瓷片系列等。

世纪金陶奖获奖品牌
中国意大利陶瓷设计大奖获奖品牌

ITALIA
Italian Trade Commission
意大利对外贸易委员会

www.vasaio.cn

秋香

中国拼花地板
领导者

月光

加旋木马

如意卷草

烟色郁金

乌纹爵士

富贵璎珞

木樨清芬

徐虹创意木饰工作室

工厂地址： 上海市青浦区金泽莲金路10号   电话： 021-59272871   E-mail： irishuanyi@hotmail.com

图书在版编目（CIP）数据

金堂奖：2013中国室内设计年度优秀作品集：珍藏版 / 金堂奖组委会编.

-- 北京：中国林业出版社,2013.12

ISBN 978-7-5038-7277-8

Ⅰ.①金… Ⅱ.①金… Ⅲ.①室内装饰设计—作品集—中国—现代 Ⅳ.①TU238

中国版本图书馆CIP数据核字(2013)第272218号

编委会成员名单

主　　编：金堂奖组委会

策划执行：金堂奖出版中心

编写成员：张　岩　张寒隽　高囡囡　王　超　刘　杰　孙　宇　李一茹　王灵心　王　茹　魏　鑫

姜　琳　赵天一　李成伟　王琳琳　王为伟　李　金　王明明　徐　燕　许　鹏　叶　洁

石　芳　王　博　徐　健　齐　碧　阮秋艳　工　野　刘　洋　袁代兵　张　曼　王　亮

陈圆圆　陈科深　吴宜泽　沈洪丹　韩秀夫　牟婷婷　朱　博　文　侠　王秋红　苏秋艳

孙小勇　王月中　刘吴刚　吴云刚　周艳晶　黄　希　朱想玲　谢自新　谭冬容　邱　婷

欧纯云　郑兰萍　林仪平　杜明珠　陈美金　韩　君　李伟华　欧建国　黄柳艳　张雪华

责任编辑：纪　亮　李丝丝　李　顺

出版：中国林业出版社（100009 北京西城区德内大街刘海胡同 7 号）

网址：http://lycb.forestry.gov.cn/

E-mail: cfphz@public.bta.net.cn 电话：（010）8322 5283

发行：中国林业出版社

印刷：北京利丰雅高长城印刷有限公司

版次：2014年1月第1版

印次：2014年1月第1次

开本：235mm *300mm　1/16

印张：100

字数：2000千字

定价：1800.00元（全10册）

Entertainment

娱乐空间

米乐星 KTV 武汉店
主案设计_杨竣淞
项目地点_湖北武汉市
项目面积_6200平方米
投资金额_2000万元

*P*136

G+ 音乐酒吧
主案设计_金丰
项目地点_甘肃兰州市
项目面积_417平方米
投资金额_120万元

*P*144

Hi8 汽车酒吧
主案设计_毛磊
项目地点_广东梅州市
项目面积_200平方米
投资金额_15万元

*P*148

锦江宾馆新大楼会所
主案设计_陈立坚
项目地点_四川成都市
项目面积_2000平方米
投资金额_1200万元

*P*152

we go 奇幻纯 K 量贩 KTV
主案设计_张晓莹
项目地点_四川成都市
项目面积_3000平方米
投资金额_450万元

*P*158

● 更多精彩项目详见光盘

西安 - 音范纯 K
主案设计_王永
项目地点_陕西西安市
项目面积_5000平方米
投资金额_2000万元

*P*164

万达大歌星 KTV 大连旗舰店
主案设计_鲁小川
项目地点_辽宁大连市
项目面积_3356平方米
投资金额_1400万元

*P*170

海南拿铁酒吧
主案设计_龙丽仁
项目地点_海南海口市
项目面积_1500平方米
投资金额_800万元

*P*174

HAPPY HOUSE 幸福里酒吧
主案设计_郭庆
项目地点_河南洛阳市
项目面积_500平方米
投资金额_300万元

*P*178

广州 **K p a r t y**
Kparty GuangZhou

碟会所
Disc Club

东方玛赛音乐会所
Oriental Maasai Music Club

广州增城迷迪会酒吧
Guangzhou MiNt Club

酷迪量贩式KTV
C o d y K T V

北岸 公 馆
North Shore Residence

南京 金 陵 会
Nanjing JinLing Club

北京 Coco Vip Lounger
Beijing COCO Vip Lounge

大公馆
Dragon Palace Nightclub

东方魅力娱乐会所
Oriental charm Recreation Club

We go 奇幻纯K量贩KTV
We Go KTV

唛克 风 量 贩 KTV
M Y K T V

源：摄 影 酒 吧
THE SOURCE

JJ MUSIC 酒吧
JJ MUSIC BAR

格莱 美 K T V
GRAMMY KTV

悦界新概念娱乐会所
YueJie Club

山西太原Bingo KTV
Bingo KTV

北京麦乐迪KTV月坛店
Melody KTV(YueTan)

苏州 爱 都 酒 吧
I DO Club

米乐星KTV武汉店
Milo Star KTV

参评机构名/设计师名：
罗文 Norman Law
简介：
大学主修建筑设计，移民美国后回归中国发展，主要致力于专业餐饮娱乐空间、休闲会所、酒店空间、电影院等公共空间项目设计。其设计简洁、艳丽，能引导最新的娱乐时尚设计潮流，秉承"在娱乐中我们可以工作，在娱乐中我们可以思考"的理念，在各类型项目的功能规划及室内设计方面具有非常丰富的专业知识和项目管理经验，其设计的项目多年来一直运营良好不衰，除设计项目外，更参与到不同项目的投资及营运管理中，从而成为一个更具全面知识经验的室内设计师。

广州Kparty
Kparty GuangZhou

A 项目定位 Design Proposition
晚霞落下接着是一个璀璨的晚上，人群的聚集和城市的繁忙而出现的晚上，令空间不仅是人们在城市生活中不可或缺的一部分，更充分体现了人们现今社会中的需求与氛围。

B 环境风格 Creativity & Aesthetics
本案例透过细节的关注，带来丰富的质感表现。这些空间以一种巧妙的方式组合在一起，展现一种整体性连接。

C 空间布局 Space Planning
大堂及自助餐的设计是整案的灵魂重心，通过过渡的处理方式将不同的空间巧妙地连接一起，转换多种功能的使命，随灯光减弱，音乐响起，自助餐旁的小型舞台则展现不同的功能，令人们享受不同的空间。

D 设计选材 Materials & Cost Effectiveness
通过黑镜与钛金的对话，跳跃的律动，引领走近光怪陆离的视觉盛宴。这一动一静与大厅与自助餐形成强烈空间反差，理性中带一点小闷骚。

E 使用效果 Fidelity to Client
每个空间均透过不同的元素展现设计的魅力，用不同的展示方式吸引人类的眼球，将空间充满时尚、休闲的氛围。

项目名称_广州Kparty
主案设计_罗文
参与设计师_胡燕凯、贺森、陈华超
项目地点_广东广州市
项目面积_10000平方米
投资金额_5000万元

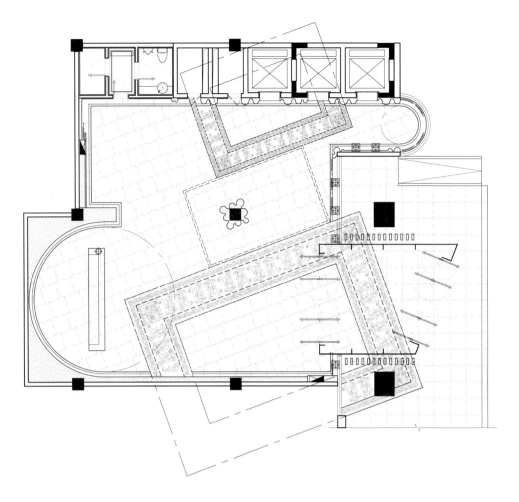

一层平面图

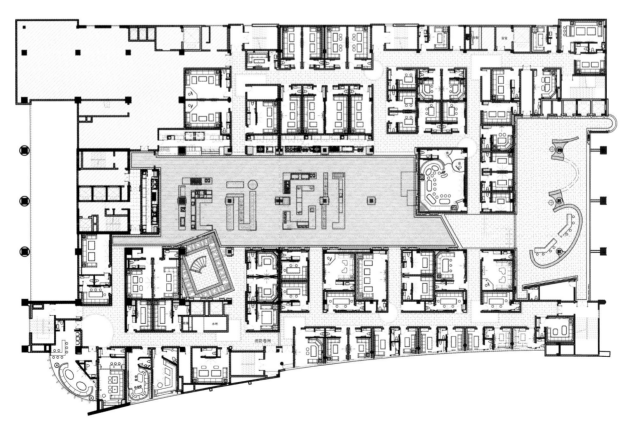

二层平面图

参评机构名／设计师名：
郑加兴 Zheng Jiaxing
简介：
亚太酒店设计协会理事CIID中国建筑室内设计
协会温州专委会副会长森蓝.梦幻国际联合机
构（董事设计）。

碟会所
Disc Club

A **项目定位** Design Proposition
庭院文化升级，使之成为新型商业空间。

B **环境风格** Creativity & Aesthetics
内院改造，重塑建筑邻里关系。三楼连建筑的户外花园可以为贵宾做户外小型Party和秀场。有一小型发光T台，让人欣赏户外美景的同时，私享大隐隐于市的庭院风光。楼层上为一层大厅，三四五楼为每层一主题式设计。三层现代简约风格，四层新东方风格，五层新古典风格。

C **空间布局** Space Planning
室内设计结合室外庭园，使用当地建材。

D **设计选材** Materials & Cost Effectiveness
使用当地建材。

E **使用效果** Fidelity to Client
达到预期效果，顾客满意。

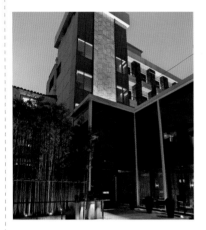

项目名称_碟会所
主案设计_郑加兴
参与设计师_贾陈洁
项目地点_浙江温州市
项目面积_1800平方米
投资金额_1000万元

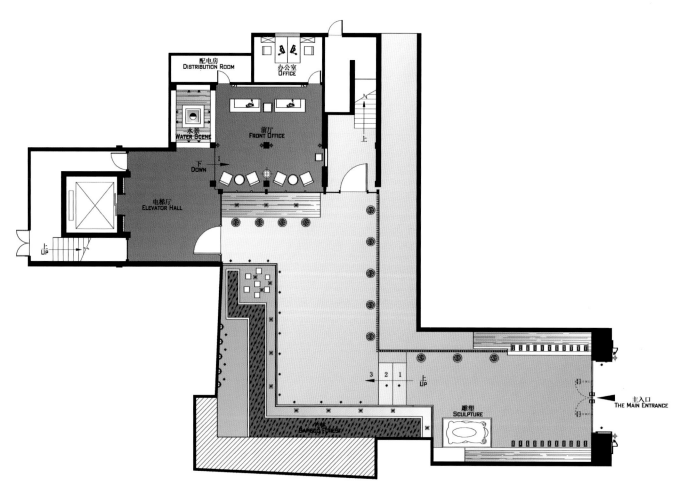

一层平面图

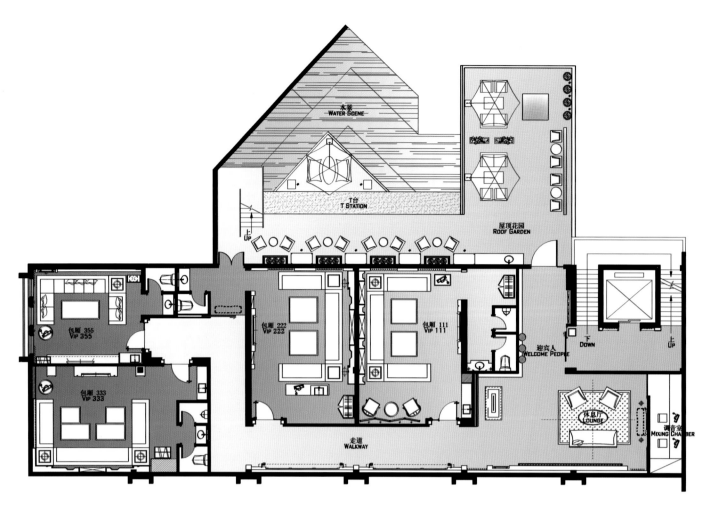

三层平面图

参评机构名／设计师名：
张清华 Steven
简介：
成功案例：福州粤界时尚餐厅、新感觉音乐会
所、金沙洲娱乐会所、平潭天涯海角尊之都会
所等。

东方玛赛音乐会所
Oriental Maasai Music Club

A 项目定位 Design Proposition

当客户带我到原始现场看到一个闲置两年的一个粗糙的中式建筑时，我发愁了，又想定位当地最高端夜总会，又不能将其外观全部包裹起来，这样造价会高出很多。苦思几日无果，当外观手绘方案出来感觉还不错，于是贯穿于室内将这手法进行下去。

B 环境风格 Creativity & Aesthetics

只能借助这带有东方情怀的建筑，为商业以浮夸的装饰去凸显这些元素，赋予这些装饰效果新的特质，呈现出完全不同于过往与未来的新面貌。

C 空间布局 Space Planning

工整，对称。

D 设计选材 Materials & Cost Effectiveness

多元素混搭。

E 使用效果 Fidelity to Client

新古董是参考过去，透过历史去找灵感，创造出一个古今皆宜的新风格——新华丽古典主义。

项目名称_东方玛赛音乐会所
主案设计_张清华
参与设计师_维野娱乐设计团队
项目地点_江西九江市
项目面积_2300平方米
投资金额_700万元

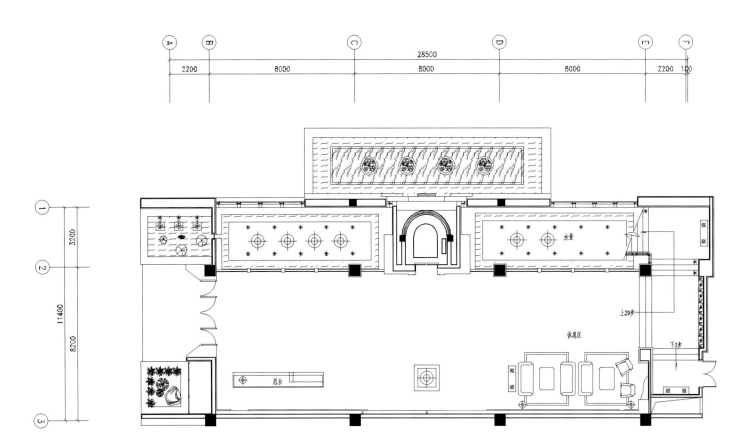

一层平面图

二层平面图

三层平面图

参评机构名/设计师名:
陈武 Yellow Chen
简介:
有着西方多国的游历视野,并对国际时尚文化
有着极为敏锐和独到的领悟,善于将时尚、艺
术、文化、科技完美结合,演绎全新时尚的装
饰设计风格,亦成就了许多东西方文化混搭的
经典作品,在历经纽约新冶国际设计和香港新

冶设计十多余年的专业化的沉淀及发展后,致
力于将新冶组团队打造成为中国最具时尚文化
空间设计典范。以构想客户共鸣为创作意念,
倾力为客户打造饱含独特气质并时尚创意的空
间设计方案和整体优质的配套服务。

广州增城迷迪会酒吧
Guangzhou MiNt Club

A 项目定位 Design Proposition
在石材外墙的衬托下,这个带有20世纪工业风格建筑显得颇为宏伟,而与此形成鲜明对比的是建筑中多达20个紫色、黄色、绿色、蓝色……如同调色板一样的拼花玻璃窗,背后是怎样的世界?

B 环境风格 Creativity & Aesthetics
从入口处入手,我们将视觉聚焦到建筑中间的方形门框内,门厅墙上一串深紫色几何图形在留白的空间中营造出了某种特定的意境,看似朴实的工业时代建筑皮肤下,蕴含着时尚的生命活力。

C 空间布局 Space Planning
踏进大门,仿佛置身透明的水底溶洞,周围层叠的不规则圆形几何镂空墙板仿佛围绕着溶洞的水波,流动而又随意,这样的风格一直延续到一楼的舞台大厅,围绕着T型舞台和DJ台,大厅中的散台与卡座依次排开,但是更吸引人的是充斥着整个空间的不规则几何图形,在光影的营造下,既满足了空间造型的需要,也满足了功能的需要。与造型相比,设计师更加注重的是科技互动在空间气氛中的参与。

D 设计选材 Materials & Cost Effectiveness
二楼的包房属于金色与玻璃的专属冷峻色调逐渐取代了楼下颇为活跃而五彩的背景色,金属的气泡造型在楼梯拐角处不着痕迹地完成了这个过渡。光影的效果完全让位于空间使用者的需求,精心挑选的材料及其相应的质感代表着高端消费者的身份和地位,而墙面上偶尔出现的金属水滴空间造型元素和石材扇形造型元素,还依然延续着这座迷迪之城的后现代特征。

E 使用效果 Fidelity to Client
要点并不在于技术或者造型层面,而是更多地关注到空间使用者与空间互动的层面,迷迪之城,其实是人与欲望互动之城。开业以来,这个相对偏远的新区热闹了起来,她让人们记住了,有个迷迪在增城。

项目名称_广州增城迷迪会酒吧
主案设计_陈武
项目地点_广东广州市
项目面积_1338平方米
投资金额_1000万元

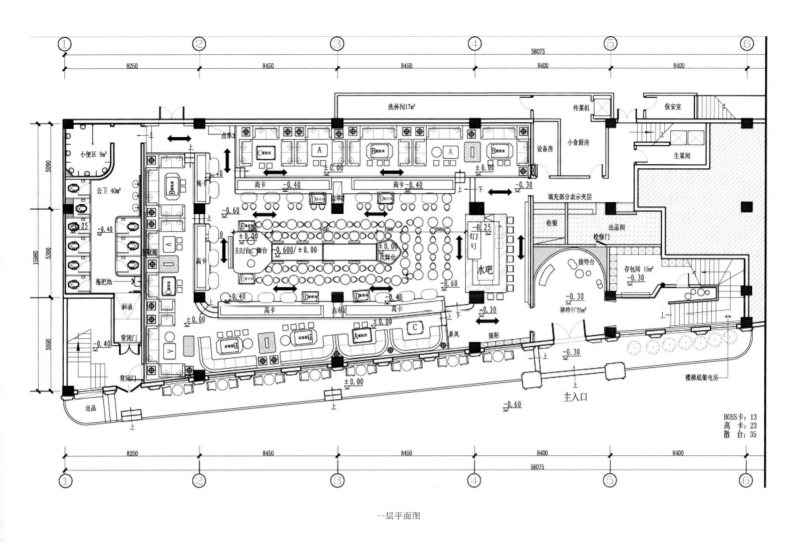

一层平面图

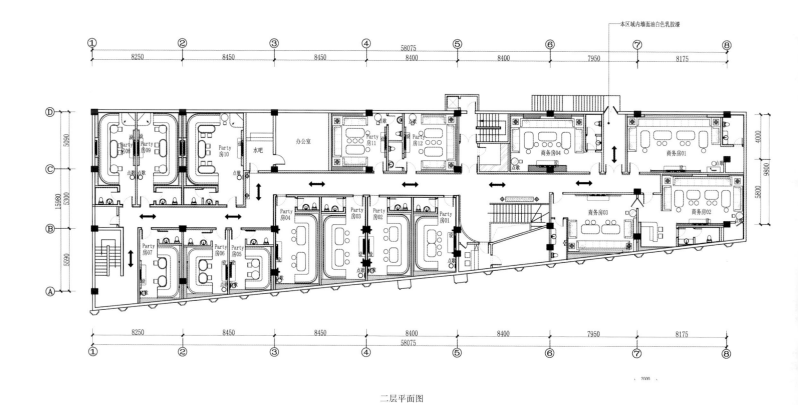

本区域内墙面油白色乳胶漆

58075

① 8250 ② 8450 ③ 8450 ④ 58075 ⑤ 8400 ⑥ 7950 ⑦ 8175 ⑧

8400 8400

D

5090

C 15980 5300

B

5590

A

4000 9800 5800

Party房08 Party房09 Party房10 水吧 办公室 Party房11 Party房12 商务房04 商务房01

点歌 点歌 点歌 点歌 商务房03 商务房02

Party房07 Party房06 Party房05 Party房04 Party房03 Party房02 Party房01

① 8250 ② 8450 ③ 8450 ④ 8400 ⑤ 8400 ⑥ 7950 ⑦ 8175 ⑧

58075

2000

二层平面图

参评机构名／设计师名：
叶福宇 Ye Fuyu
简介：
2012年IAI亚太室内设计双年大奖赛 娱乐空间（金座夜总会）（优秀奖），2012年艾特奖国际空间设计大奖（金座夜总会）最佳娱乐空间设计入围奖，2012年金堂奖中国室内设计年度优秀娱乐空间设计（惠州时代氧吧量贩式KTV），2012年中国室内设计师第一季度黄金联赛获工程案例（三等奖），2012年中国室内设计师第二季度黄金联赛获工程案例（三等奖），2010年惠州曼哈顿量贩式KTV，2011年惠州乐欢天量贩式KTV，2011年惠州时代氧吧量贩式KTV，2011年东莞虎门名豪KTV，2011年东莞厚街金座夜总会，2011年中山传奇量贩式KTV，2011年贵州贵阳凯歌国际俱乐部，2012年惠州小金口啦啦量贩式KTV2012年东莞创世纪俱乐部，2012年惠州金柜音乐会所，2013年东莞朝歌量贩式KTV，2013年中山朝歌量贩式KTV，2013年昆明缤纷年代音乐会所。

酷迪量贩式KTV
Cody KTV

A 项目定位 Design Proposition

酷迪量贩式KTV是为大多数人提供的健康娱乐场所。

B 环境风格 Creativity & Aesthetics

把繁、复、豪的KTV装修进行颠覆至简约，时尚，温馨的理念。

C 空间布局 Space Planning

整个布局定位位65间包间，大厅和超市采取通透的空间手法来演绎。

D 设计选材 Materials & Cost Effectiveness

材料，用了钛金，茶金，和大理石的结合，天花用的米色的墙纸。

E 使用效果 Fidelity to Client

本店给消费者的评价是很好。

项目名称_酷迪量贩式KTV
主案设计_叶福宇
项目地点_广东惠州市
项目面积_3100平方米
投资金额_1000万元

参评机构名/设计师名：
周宗夫 Zhou Zongfu
简介：
获得高级室内建筑师、高级景观设计师资格证，2011-2012年年度十大最具影响力设计师（餐饮娱乐空间类），浙江省建筑装饰行业贡献人物。历年来先后主持设计完成多项大型项目，并多次获得奖项。近年来致力于商业及娱乐设计，并逐渐形成个人独特设计风格，引起了市场的广泛认同，设计已延伸到全国市场，已成为商业设计领域具有影响力的设计师，特别在娱乐设计领域独树一帜。

北岸公馆
North Shore Residence

A 项目定位 Design Proposition

针对宁波娱乐高端市场，以室内独栋别墅形式的建筑形态，彰显物业的稀缺和尊贵，以宁波最顶端的消费群体为目标，以管家式的个性化尊崇服务，轻易拉开与同业的竞争关系。

B 环境风格 Creativity & Aesthetics

本案在设计手法上以建筑为母体，以室内营造室外建筑环境的手法，塑造出同类物业无法比拟的建筑形式与空间关系，以统一的造型语言完全区别于一般会所的浮华与张扬，以深沉内敛的气质贯穿内外，从而革命性地颠覆了娱乐所谓传统的模式。

C 空间布局 Space Planning

本案在空间布局中通过点、线、面的合理应用，以建筑的大与小，前与后穿插关系，塑造出一个自由生动的空间形式，使空间张弛有度，焕然一体。

D 设计选材 Materials & Cost Effectiveness

本作品在设计上不追求高档用材，设计仅仅围绕为主题服务的宗旨，选用能体现老公馆文化味道的青花瓷、仿旧木饰、木纹砂岩、老木地板等材质。

E 使用效果 Fidelity to Client

本案一经推出，引起同业的广泛瞩目，并成为当地最具文化影响力的高端娱乐会所。

项目名称_北岸公馆
主案设计_周宗夫
参与设计师_谢祥宝、杨国标、赵晓东
项目地点_浙江宁波市
项目面积_2400平方米
投资金额_2000万元

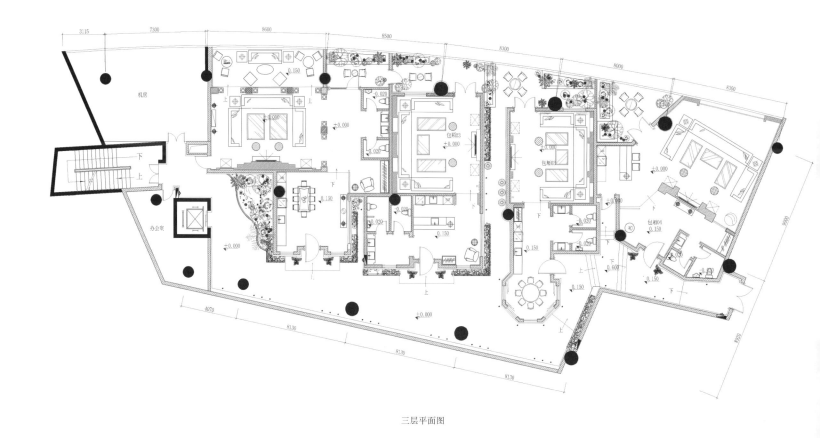

三层平面图

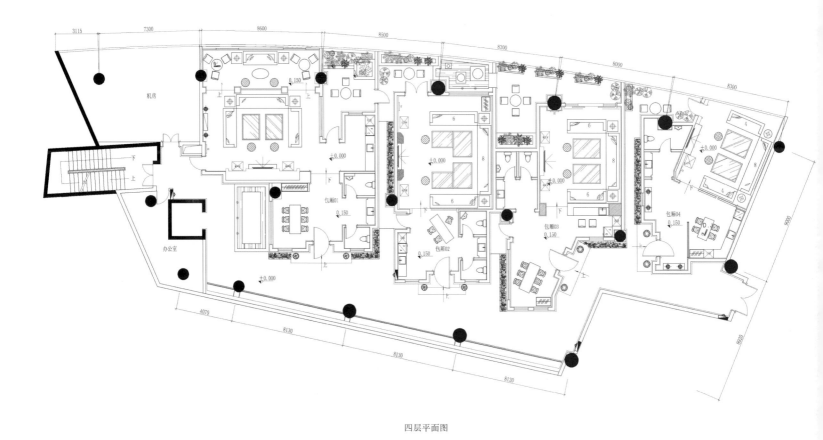

四层平面图

参评机构名/设计师名:
徐旭俊 Xu Xujun

简介:
国际建筑装饰室内设计协会华东分会理事、国际注册高级室内设计师、国际注册艺术家设计师协会理事、中国室内设计师协会专业会员、第四届全国高校空间设计大赛四大高校实战导师。

我们的108沙龙
Our NO.108 Salon

A 项目定位 Design Proposition
为在当地众多的静吧市场中脱颖而出,设计师从经营模式到空间布局,打破传统的模式。白天经营咖啡,晚上为派对酒会,为都市青年提供一隅派对娱乐的栖息佳境。

B 环境风格 Creativity & Aesthetics
朴实的素水泥、石头和螺纹钢,以及青花瓷镶嵌的五角星作为空间的点缀与渲染,与钢板的色彩(地球海洋、陆地抽象画)飘带形成一个集灯光、艺术、梦幻、意境为一体的静吧主题空间。

C 空间布局 Space Planning
首先在功能分布上,一楼巧用椭圆形式分割成若干个不同的半私密空间,给空间增添了浪漫的气息,喝酒、品咖啡的人与环境兼容,情趣相伴,给人诗意般的空间体验,这种私密性与互动性本身就是这个空间的亮点。二楼创意设计以地球的海洋和陆地符号,利用钢板、木板元素,飘带的钢板下自然围合成若干个开放式交流区域,非常贴切这个沙龙的定位。

D 设计选材 Materials & Cost Effectiveness
用材上采用钢板、钢管、钢网与木板、石头、素水泥等朴素材料形成对比,营造一个质朴而浪漫的空间,体现低碳、节能、绿色、时尚、环保的设计理念。

E 使用效果 Fidelity to Client
独特的空间格局在灯光中营造出浪漫的聚会氛围,备受青年朋友喜爱。

项目名称_我们的108沙龙
主案设计_徐旭俊
参与设计师_吴耀武
项目地点_江西南昌市
项目面积_350平方米
投资金额_60万元

参评机构名/设计师名：
梁国文 Man
简介：
广东省集美设计工程公司设计总监广州市梁氏设计顾问工作室首席设计师中级室内设计师高级室内建筑师高级工程师资深室内建筑师广州市美术家协会会员IDA国际设计师协会会员中国建筑学会室内设计分会会员广州市装饰行业协会设计委副主任广东省陈设艺术协会理事。

钻石汇
Diamond Club

A **项目定位** Design Proposition
都市人在紧张的生活外情感释放平台。

B **环境风格** Creativity & Aesthetics
打造低调奢华空间。

C **空间布局** Space Planning
突出主体，摒弃缺点（原有空间高度不够）。

D **设计选材** Materials & Cost Effectiveness
充分利用材料的特性修补空间的缺点（如镜的利用）。

E **使用效果** Fidelity to Client
空间的利用最大化，运用灯光表现情感。

项目名称_钻石汇
主案设计_梁国文
项目地点_广东佛山市
项目面积_5293平方米
投资金额_2500万元

参评机构名/设计师名:
罗文 Norman Law
简介:
大学主修建筑设计，移民美国后回归中国发展，主要致力于专业餐饮娱乐空间、休闲会所、酒店空间、电影院等公共空间项目设计。其设计简洁、艳丽，能引导最新的娱乐时尚设计潮流，秉承"在娱乐中我们可以工作，在娱乐中我们可以思考。"的理念，在各类型项目的功能规划及室内设计方面具有非常丰富的专业知识和项目管理经验，其设计的项目多年来一直运营良好不衰，除设计项目外，更参与到不同项目的投资及营运管理中，从而成为一个更具全面知识经验的室内设计师。

北京COCO Vip Lounger
Beijing COCO Vip Lounger

A 项目定位 Design Proposition

COCO VIP Lounge坐落于北京工人体育场南门，毗邻北京著名工体酒吧区，为现时北京最时尚的夜店之一。以时尚、娱乐、休闲、文化四大元素，运用解构、重组、夸张等设计手法，打造全方位的玩乐主义夜生活。

B 环境风格 Creativity & Aesthetics

欧式元素经典的装饰魅力给予一种当代设计语汇的转换，透过细节的关注，带来丰富的质感表现。这些空间以一种巧妙的方式组合在一起，展现一种整体性连接。

C 空间布局 Space Planning

大厅及包厢设计是本案的灵魂设计重心，它被赋予沟通不同空间，转换多种功能的使命，随灯光减弱，音乐响起，成为公众玩乐嬉戏的载体。空间的双重性格，充斥着矛盾与意外，戏剧性的解构空间，重新演绎这夜的誓词。

D 设计选材 Materials & Cost Effectiveness

罗马元素重组，将灰镜与爵士白相承托，张扬不失细腻，钛金与爵士白的对话，跳跃的律动，引领走近光怪陆离的视觉盛宴。

E 使用效果 Fidelity to Client

夜幕渐渐降临，人群步行于繁华喧闹的路上，街道上炫丽耀眼的建筑中遇到一座低调、现代而柔和、舒适的景色映入眼帘，瞬间让人群间的疏离感消失，团聚一起，享受脱离都会生活的紧张。

项目名称_北京COCO Vip Lounger
主案设计_罗文
项目地点_北京
项目面积_600平方米
投资金额_300万元

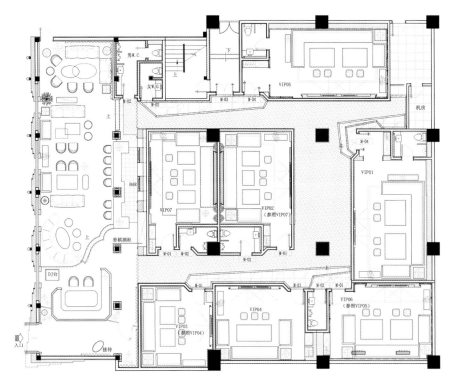

平面图

参评机构名/设计师名:
王践 Jason

简介:
宁波矩阵酒店设计有限公司联合创始人/董事总监,王践设计与艺术研究中心总设计师,宁波城市职业技术学院毕业生导师,CIID中国建筑学会室内设计分会会员,ICIAD国际室内建筑师与设计师理事会宁波地区理事,宁波市建筑装饰行业协会设计委员会秘书长,宁波精锐设计联盟常务副会长。

大公馆
Dragon Palace Nightclub

A 项目定位 Design Proposition

项目本身体量庞大,且置身五星级酒店辅楼,市场定位为高端消费人群。求新、求变,引领当地娱乐风向,研究并利用场地特质,力求最大化空间价值,使空间不仅成为艺术品,更是公众使用者的天堂。

B 环境风格 Creativity & Aesthetics

人才是空间的主体。在装饰手法上摒弃繁复琐碎的造型,以简约现代甚至夸张的手法来表现空间。通过大块面的色彩与干净利落的几何体块,形成穿插与对比,建立强烈的视觉冲击并寻求平衡。尤其在公共空间的处理上,色调和造型是素雅和沉静的,空间的尺寸和维度让你感觉得到它的气势和强烈的存在感。

C 空间布局 Space Planning

设计前期与经营者深入沟通,准确定位策划及经营方向,精确计算与规划营业区域与共享空间、后场空间的比例关系,严格遵循消防疏散等安全要求,合理规避法律法规与装饰美化之间的风险与矛盾,强调交通动线与人流组织,做到对内与对外两大服务版块的顺畅与便利。

D 设计选材 Materials & Cost Effectiveness

大量运用易加工成型、可再生且达到防火等级的铝材。工业化的流程大大降低生产安装成本。运用幻彩及陶瓷马赛克这一古老而神秘的装饰建材。利用马赛克多变的色彩和细腻的质感装点空间。超大幅面的图案无需过多装饰。让传统的陶瓷、玻璃类建材与新型的金属类材料在同一空间中和谐共生。

E 使用效果 Fidelity to Client

体量宏大,尺寸与维度都十分震撼又不乏舒适。色调与装饰风格自成一派,与传统娱乐空间形成鲜明对比,激发消费者强烈的好奇心。简约整体的装饰手法和坚固耐用的装饰建材也大大降低了经营者的维护、保养成本。项目在完工投入运营后很快收回成本实现盈利,获得了业主与消费市场的高度认可和肯定。

项目名称_大公馆
主案设计_王践
参与设计师_毛志泽、宋国锋、廖永康
项目地点_浙江台州市
项目面积_10000平方米
投资金额_5000万元

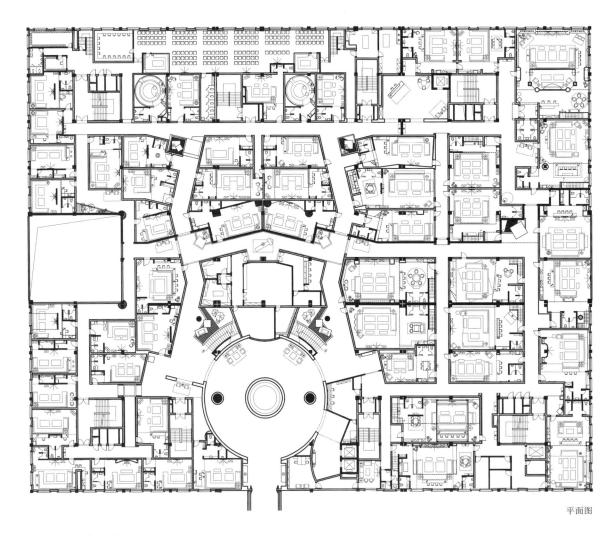

平面图

参评机构名／设计师名：
郑加兴 Zheng Jiaxing
简介：
亚太酒店设计协会理事CIID中国建筑室内设计
协会温州专委会副会长森蓝.梦幻国际联合机
构（董事设计）。

东方魅力娱乐会所
riental charm Recreation Club

A **项目定位** Design Proposition
创新型的娱乐休闲方式。

B **环境风格** Creativity & Aesthetics
空间丰富，在电梯厅的尽头的中厅有很大的室内天景和琴吧，把苏州园林和院落的概念引入奢华的欧陆。

C **空间布局** Space Planning
室内布局里达到中西合璧的巧思设计。

D **设计选材** Materials & Cost Effectiveness
使用复合型材料替代真实木材。

E **使用效果** Fidelity to Client
达到预期效果，顾客满意。

项目名称_东方魅力娱乐会所
主案设计_郑加兴
参与设计师_文艺
项目地点_江苏苏州市
项目面积_5000平方米
投资金额_1200万元

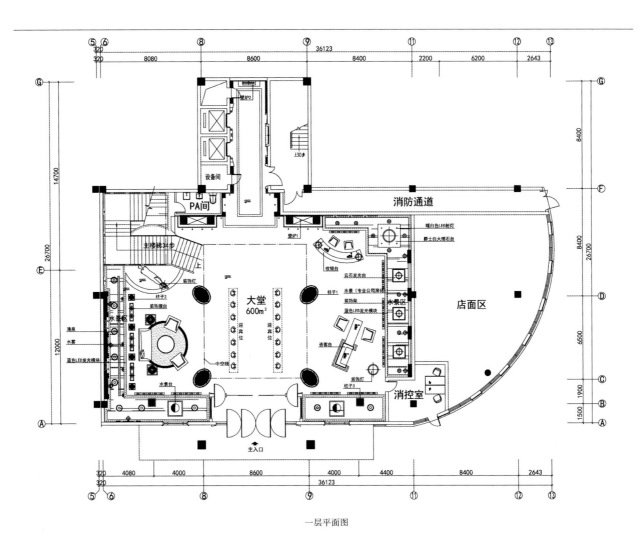

一层平面图

图中文字标注：
- 320
- 8080
- 8600
- 36123
- 8400
- 2200
- 6200
- 2643
- 14700
- 26700
- 12000
- 8400
- 26700
- 6500
- 1900
- 1500
- 消防通道
- 设备间
- PA间
- 壁炉1
- 壁炉2
- 上30步
- 主楼梯3步
- 装饰灯
- 柱子2
- 装饰摆台
- 水景台
- 涌泉
- 水雾
- 蓝色LED发光模块
- 大堂 600m²
- 迎宾位
- 中空梯
- 水景台
- 柱子1
- 水景（专业公司深化）
- 装饰架
- 蓝色LED发光模块
- 会客台
- 装饰灯
- 柱子3
- 暖白色LED射灯
- 爵士白大理石台
- 收银台
- 云石发光台
- 水景区
- 店面区
- 消控室
- 主入口

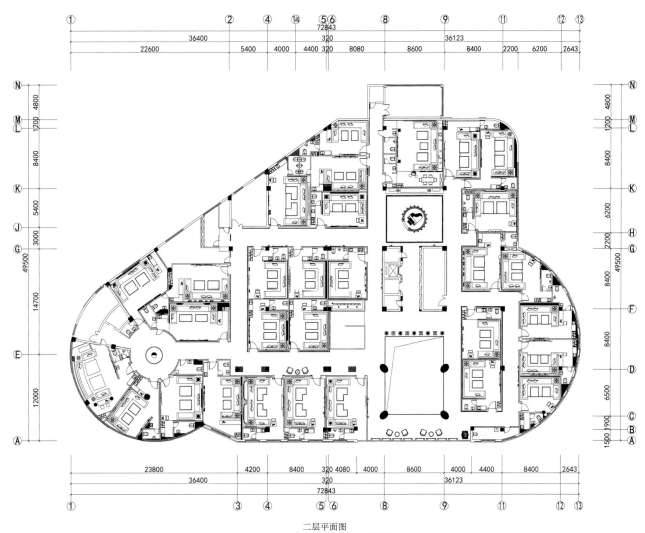

二层平面图

三层平面图

参评机构名/设计师名：
吴伟宏 Wu Weihong
简介：
设计以现代风格见长，敢于突破、创新，敢于尝试新手法，设计的场所各不雷同，各有精彩。设计手法大气、简练，同时注重细节的精致，对空间有很强的把握能力。

杭州CIRCLE BAR
Hangzhou CIRCLE BAR

A 项目定位 Design Proposition
独特的市场定位，跳出传统的娱乐模式。

B 环境风格 Creativity & Aesthetics
统一的材料，统一的元素，营造一种创新的酒吧风格。

C 空间布局 Space Planning
钢管曲折的布局，既是家具，也是空间造型，不规则围合让人们在环境中更容易认识和沟通。

D 设计选材 Materials & Cost Effectiveness
钢管，水泥这些环保的材料也可以在夜店里创造出生命。

E 使用效果 Fidelity to Client
得到社会认可，业主满意。

项目名称_杭州CIRCLE BAR
主案设计_吴伟宏
项目地点_浙江杭州市
项目面积_400平方米
投资金额_300万元

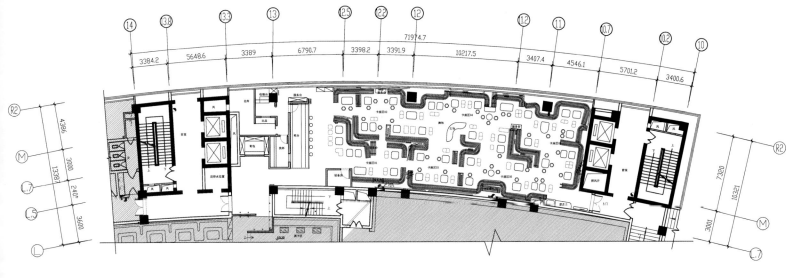

平面图

参评机构名／设计师名：
杭州正午装饰设计咨询有限公司/C+zz design
简介：
成立于2003年，多年来一直致力于娱乐、餐饮、等大型专案得设计的开发，公司一直坚持"以人为本"的宗旨。创意团队不断壮大，汇集各路创作精英，带领公司走向专业设计顾问团队方向发展。

唛克风量贩KTV
MY KTV

A 项目定位 Design Proposition

唛克风量贩KTV，以简约的材料，给客人带来不一样的感官体验。在设计中抓住年轻女性的喜好，以新古典主义的设计为基础，用装饰性的元素，跳跃的色彩对比，把女孩们带进欢乐的梦幻国度。

B 环境风格 Creativity & Aesthetics

唛克风KTV以黑色紫色为主色调，让整个环境充满了复古的味道，充满了淑女的优雅气质，仿佛一首爵士乐。走廊的橱窗一笔一画描绘的缤纷世界，霓光流转，色彩斑斓和优雅的元素组合让橱窗在不同的娱乐文化背景中脱颖而出。最天真的物件，最童真的方式，那高级黑调子的一幕闪现出来的薰衣紫光，宝石蓝光，流转感的甜蜜心形时光机，奔跑的绅士白马，都太值得细细品了。华丽转身，穿过神秘时光隧道来到一个个包间，一见倾心，每个包间在颜色的变化中给你不同的感受，通过对色彩撞出的清新感，材质撞出的秩序感和光线撞出的华丽感，每一间的美妙都成为城市娱乐景观的一个新亮点。

C 空间布局 Space Planning

尊重细节的设计，层次突出，屏息于动静之间，构建起娱乐的区域。走廊采用橱窗装饰为主，每个橱窗创造出新的剖面，颠覆传统的层次关系，创造最完美的娱乐公共空间。

D 设计选材 Materials & Cost Effectiveness

选材主要用银白龙、烤漆、墙纸等营造低调高雅的气质。 银白龙石材铺展地面，墙面烤漆与彩色墙纸的搭配。

E 使用效果 Fidelity to Client

许多客人拍照留影，不同城市同行业前来考察，得到一致好评。

项目名称_唛克风量贩KTV
主案设计_郑梦婷
参与设计师_范月红
项目地点_浙江杭州市
项目面积_2000平方米
投资金额_1200万元

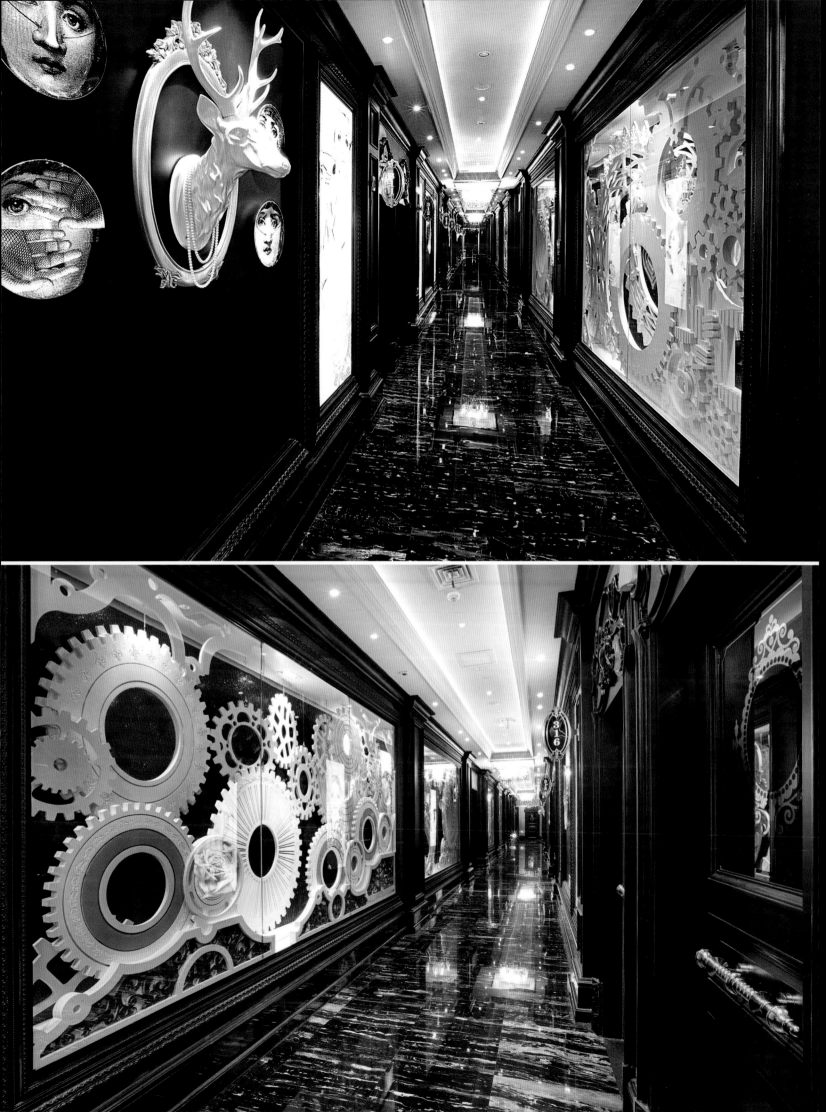

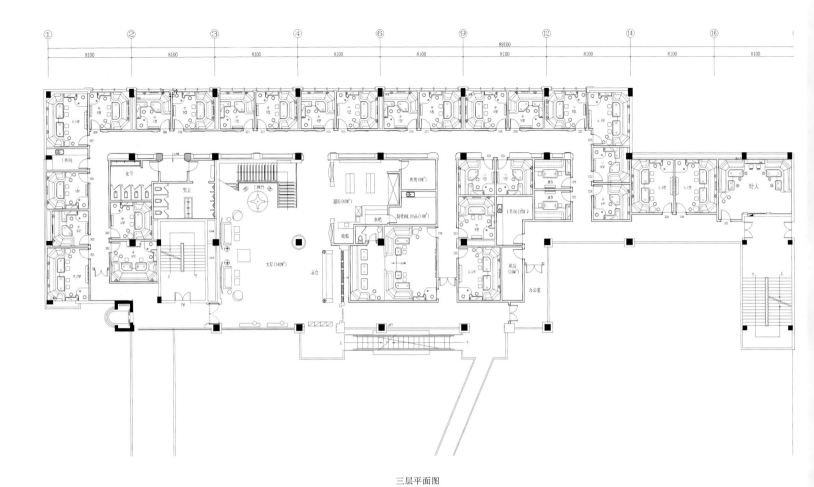

三层平面图

参评机构名/设计师名：
萧爱华 Xiao Aihua
简介：
2002年获得全国第四届室内设计大展金、银、铜奖2005年获得上海第四届建筑室内设计大奖赛金、银、铜奖2008获得亚太室内设计双年大奖赛 优秀作品奖2008年摄影"宁静港湾"获亚太地区"感动世界"中国区金奖2006年获得上海第二届"十大优秀青年设计师"提名2007年获得全国杰出中青年室内建筑师称号2007年获得中国十大样板房设计师50强2008年获得全国设计师网络推广传媒奖2009年获得SOHU "2009设计师网络传媒年度优秀博客奖"2009年获得"中国十大样板间设计师最佳网络人气奖"2009年获得华润杯中国建筑设计师摄影大赛最佳建筑表现奖2010年获得全国杰出设计师称号出版"时尚米兰"—最新国际室内设计流行趋势出版"精妙欧洲"—遭遇美丽 建筑游记出版"没有历史的西方"再见美国 建筑游记出版"雕刻时光"萧氏设计作品集出版《阳光萧氏-居住空间》《阳光萧氏-商业空间》出版《现代金箔艺术》出版《花样米兰》。

源：摄影酒吧
THE SOURCE

A 项目定位 Design Proposition
躲藏在上海市中心。主题酒吧不胜枚举，以摄影为主题的特色酒吧也日渐增多。就着迷幻的灯影，悠远的音乐，看照片、聊摄影、喝酒、品茶。店内全木制的复古装修，保持夜上海风情的原汁原味。

B 环境风格 Creativity & Aesthetics
汇聚了摄影人的天地，摄影棚为爱好人像摄影又苦于无处展现的影友提供了经济便利的创作空间。

C 空间布局 Space Planning
这里是有着摄影特色的酒吧，每月都坚持做一个摄影展览，屋内的陈设摆满了摄影画册、摄影期刊和摄影书籍，墙面上错落有致挂着摄影大师的作品，最诱人是顶上悬挂着摄影作品，显得格外另类，打破传统的挂画方式。

D 设计选材 Materials & Cost Effectiveness
四处摆设的有上世纪70年代较为流行的海鸥、长城相机；有花6000多元收来的西藏木箱；也有朋友送的老式打字机；还有精致的画框、别致的灯罩、怪异的壁挂……它们的年龄都是"爷爷"级以上的，营造出一种怀旧的气氛。

E 使用效果 Fidelity to Client
"行摄匆匆"是一间以"旅行、探险、摄影"为主题的酒吧、书吧、咖啡屋，定期邀请摄影界、文化圈、户外运动圈和知名人士举办有着文化气息的讲座。与朋友们轻松随意地交流出行经验、摄影心得，可自由浏览诸多经典旅行摄影书籍。

项目名称_源：摄影酒吧
主案设计_萧爱华
项目地点_上海
项目面积_300平方米
投资金额_1000万元

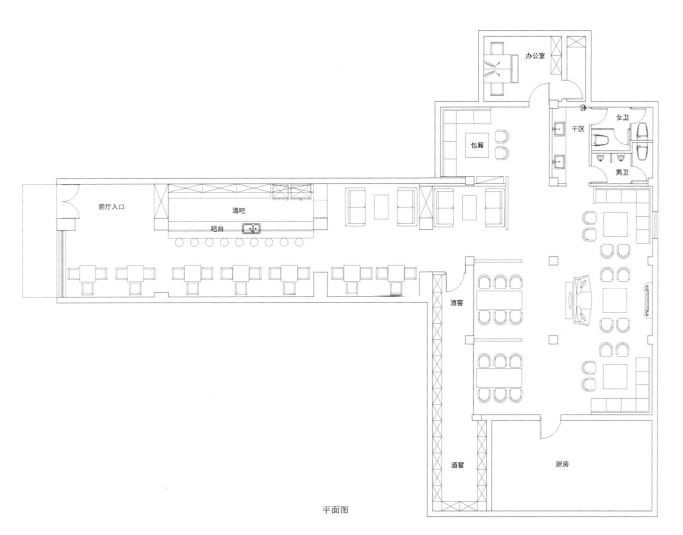

办公室

女卫

干区

男卫

包厢

前厅入口

酒吧

吧台

酒窖

酒窖

厨房

平面图

参评机构名／设计师名：
马琰 Leon
简介：
莱昂设计设计总监，擅长高端娱乐空间设计，主要成功案例：济南九天商务会所室内设计、济南九天至尊商务会所室内设计、济南银河商务会所、淄博7号公馆商务会所室内设计、泰安天乐商务会所室内设计、滨州JJ MUSIC 酒吧室内外设计、青岛lenest酒吧室内设计等。

JJ MUSIC 酒吧
JJ MUSIC BAR

A 项目定位 Design Proposition
JJ MUSIC Bar在设计之初，既定义为高端时尚的现代风格酒吧，让客人在简约中体验更高规格的享受氛围。

B 环境风格 Creativity & Aesthetics
设计师试图营造出高端典雅，且不失简约的现代风格的时尚空间。

C 空间布局 Space Planning
充分利用空间，合理布局，突出功能性的设计。

D 设计选材 Materials & Cost Effectiveness
大面积运用木、石材，以及水泥板等材料，注重环保理念的同时，设计师也更加强调阻燃材质的安全应用。

E 使用效果 Fidelity to Client
作品在投入使用后，得到业主与来宾一致好评。

项目名称_JJ MUSIC 酒吧
主案设计_马琰
项目地点_山东滨州市
项目面积_800平方米
投资金额_600万元

参评机构名/设计师名：
杭州正午装饰设计咨询有限公司/C+zz design
简介：
成立于2003年，多年来一直致力于娱乐、餐
饮、等大型专案得设计的开发，公司一直坚持
"以人为本"的宗旨。创意团队不断壮大，汇集
各路创作精英，带领公司走向专业设计顾问团
队方向发展。

格莱美KTV
GRAMMY KTV

A 项目定位 Design Proposition

该区域以大学生消费群体为主，依据市场的独特性定义本店为有格调且平价的娱乐终端体验店。

B 环境风格 Creativity & Aesthetics

复古的装饰风格结合当代设计元素将经典复古的装饰风格及版画进行现代版的演绎，融合创意纹样来营造独特的体验空间。

C 空间布局 Space Planning

宽敞明亮的公共区域设置了敞开式的多功能舞台（可为签售会及驻场乐队使用），在大堂区域设置的等待小影院使客户在等待的过程中能有愉快等待的客户体验。包厢依据需求了迷你、小、中、大、特大及vip包厢。糖果般的包厢色彩规划使得客户在进入包厢后，能很快地进入娱乐状态，同时也有效地划分了包厢区域和公共区域的独特性。回字型的人员动线设置也使得空间使用更为便捷。

D 设计选材 Materials & Cost Effectiveness

依据维多利亚时期的古典装饰风格融合金属、防火板、亚克力及玻璃等材料对古典形式进行切割、分解和重组，有效地创造了一个独特的古典新演绎的体验空间。

E 使用效果 Fidelity to Client

投入运营后立即成为该区域的娱乐风向标。营业时间档即已进入排队等位状态，社会反映良好。

项目名称_格莱美KTV
主案设计_雷良军
参与设计师_朱容容
项目地点_浙江杭州市
项目面积_2000平方米
投资金额_900万元

平面图

参评机构名／设计师名：
江西汉元正果广告策划设计有限公司/
Jiangxi Zenkarma Creativity&Design Co., Ltd
简介：
成功案例：逍遥会国际顶级养生会所、净居闲堂禅茶会所、南昌佐祐时尚经典餐厅、一觉烧菜、一觉渔味、悦界新概念娱乐、紫气东来足浴、炫谷青年街、聚丰楼民间菜、四海丰盛、

凤舞九天连锁酒吧、弥敦道新街区、江西绿滋肴特产超市。

[汉元正果]创意产业
ZENKARMA CREATIVITY & DESIGN CO., LTD.

悦界新概念娱乐会所
YueJie Club

A 项目定位 Design Proposition
以欧洲古典怀旧、先锋艺术的美学风格打造，十六世纪的欧洲建筑艺术与现代美学相碰撞，又相互融合。在项目中，将古典怀旧风格装饰的特点经过提炼，进行重构，与现代先锋艺术相融合、创新，与时代特征有机结合在一起，借鉴了古典怀旧的内涵，按现代审美的情趣和意念，形成了项目最鲜明的特点和形式。

B 环境风格 Creativity & Aesthetics
一楼大厅面积较小，因此在功能设计上以突出形象和接待等候为主。复古木地板的应用，给会所增添了奢华感，再以丰富的软装配合，装饰壁炉主题墙面造型古朴怀旧，展现低调奢华品质，鹿头及部分软装的陈设，凸显先锋艺术气质。顶面设计中力求简约中体现尊贵，体现"跨界与混搭"，让空间尽显文艺气息。

C 空间布局 Space Planning
一楼大厅楼梯上至二楼，走廊以欧式情景式街区的形式出现。欧式吊灯，后现代的红砖铺设，欧式雨棚，结合了墙面上的现代艺术画框，精心设计的走廊，使过道成为一道亮丽的风景线。同时充满欧洲街景趣味。

D 设计选材 Materials & Cost Effectiveness
二楼中间区域设置了酒吧，如欧洲小镇上的酒馆，小吧台的亲切感，演义区域的空间划分，柔和的灯光与沙发，让人随意而安静。酒吧的设计，多了一些互动和交融，增加了项目的的趣味与玩味。酒吧区域的周围是包间，包间的设计层次丰富，软环境结构分明。欧式新古典家私、吊灯、壁灯的选择，部分艺术品的陈列，仿佛让人置身于一个私人艺术馆。有细腻的古典装饰，又有粗犷的先锋艺术，两者跨界，大胆又相得益彰。

E 使用效果 Fidelity to Client
这不仅是个娱乐会所，更是一个充满艺术氛围的艺术馆。

项目名称_悦界新概念娱乐会所
主案设计_廖辉
参与设计师_刘军、廖兴群
项目地点_江西南昌市
项目面积_2000平方米
投资金额_400万元

参评机构名/设计师名:
汤物臣·肯文创意集团/INSPIRATION GROUP
简介:
始于2002年成立的汤物臣·肯文设计事务所,
旗下拥有全资附属子公司点子室内设计有限公
司。围绕客户需求,汤物臣·肯文设计事务所
专注于休闲娱乐、度假酒店等大型综合商业项
目设计策划;而成立于2009年的点子室内设

计有限公司,则以商业价值为导向的国际化程
序运作,主营娱乐、休闲、办公等精品空间的
商业设计策划。注重系统的、科学的企业管
理,坚持"设计创造价值"的设计理念,汤物
臣·肯文创意集团已成功策划多个全国知名品
牌项目,累积获得国内外设计大奖近两百项,
深受客户和业界的认可及好评。同时,为员
工、客户、消费者打造了一个坚实宽广、创意

共享的设计平台。

山西太原Bingo KTV
Bingo KTV

A 项目定位 Design Proposition

BingoKTV坐落于太原新兴商圈,是融合购物、餐饮、娱乐一站式消费体验的高端品牌区域,当都市新贵
在追求奢侈品的同时,深层追求的其实是高质量的生活方式,因此设计起源旨在为他们的休闲娱乐生活定
制专属且具时尚化商务感的空间感官体验。

B 环境风格 Creativity & Aesthetics

以魔幻拆解主题进行前所未有的KTV独特诠释,透过"拆解—重组"的手法打造出结构美学的形体与空
间,以量身定制的时尚为格调,对空间进行创新,完美演绎设计构思。

C 空间布局 Space Planning

将前厅、等候区、甜品区、超市等相交与叠加,使各种功能区域最大化运用,达到1+1+1+1>4的效果,使
之不再只是单一的功能体块,让客人们既能围坐互动交流,亦能分散自由交流,令可视区域无限扩大延伸。

D 设计选材 Materials & Cost Effectiveness

KTV内的酒吧包厢以火车卡座与吧台模式相结合,把激情四射、动感十足的酒吧气氛带入包厢,让人们
"动"起来;VIP总统房则分为酒吧卡座、商务卡座及景观吧台三个相对独立的活动区域,以满足新贵人群
不同的娱乐需求,令其选择不同氛围的空间。

E 使用效果 Fidelity to Client

整间Bingo KTV仿若一个魔幻空间礼盒,通过拆合的方式把玩空间,让人们在行走中感受、观察,激起消
费者内心的窥视欲,增进互动与交流,尽情享受在空间中玩乐的感觉。

项目名称_山西太原Bingo KTV
主案设计_谢英凯
项目地点_山西太原市
项目面积_2780平方米
投资金额_1600万元

参评机构名／设计师名：
睿智汇设计公司/WISDOM SPACE DESIGN
简介：
睿智汇设计公司全称为北京力德睿智装饰设计咨询有限公司，是由中国台湾著名设计师王俊钦创立，是中国著名的台湾高端室内设计企业。公司于1991年在台北经营，2001年进入上海发展，历经18年打造出专业品牌——睿智

汇设计，于2007年在北京成立总部。服务范畴包括娱乐空间、餐饮空间、会所空间的高端主导产业，商业空间、酒店空间、豪宅别墅为辅助产业，以娱乐空间设计著称于中国设计界。荣获全国室内装饰优秀设计机构，2011中国十大最具影响力餐饮娱乐类设计机构，2009年度中国最具价值室内设计企业等荣誉.被国际设计界公认为"顶级休闲空间设计

专家"。目前合作客户遍布世界各地，其中包含全国大型连锁客户：麦乐迪（中国）餐饮娱乐管理公司，净雅餐饮集团，海德集团，多伦餐饮管理公司，金百万餐饮公司，海底捞餐饮公司，costa集团，桐泉控股有限公司，北京城建集团等。在提供优秀设计服务的同时，睿智汇设计在设计技术上不断进步，获得很多设计大奖，赢得国际荣誉。

北京麦乐迪KTV月坛店
Melody KTV(YueTan)

A 项目定位 Design Proposition

这个案为第二次的设计整改，因而以烟花绽放为设计主题！也意指个案的再次绽放，全新包装，全新出击，进而给顾客新的感受及娱乐环境。

B 环境风格 Creativity & Aesthetics

本案以"绽放"为设计主题，将绽放的元素贯穿个案的整体，烟花总是炫丽璀璨并多彩的，我们以LED灯的色彩变化取代烟花绽放时的灿烂及多彩，各种色系的镜面不锈钢材质反射呈现烟花绽放一瞬间的多样变化图案，而烟花总是在夜晚的释放才显得更具魅力，既而，设计主题的另一色系即为黑色，此案运用了黑金花石材表现夜晚及星光更显出烟花绽放的主题。

C 空间布局 Space Planning

公共区由大厅、服务区、精品超市及会所构成，继而为主次走道及大、中、小包厢和主题包厢。

D 设计选材 Materials & Cost Effectiveness

运用了浅啡网石材、黑金花石材、黑镜、粉镜、玫瑰金镜面不锈钢、人造罗马刚石、LED灯、钢化清玻璃、金属马赛克材料做体现。

E 使用效果 Fidelity to Client

本次改造迎合了中高端商务人士娱乐及商务会议、用餐结合之场所，为客户的商业效益增色。

项目名称_北京麦乐迪KTV月坛店
主案设计_王俊钦
项目地点_北京
项目面积_2700平方米
投资金额_800万元

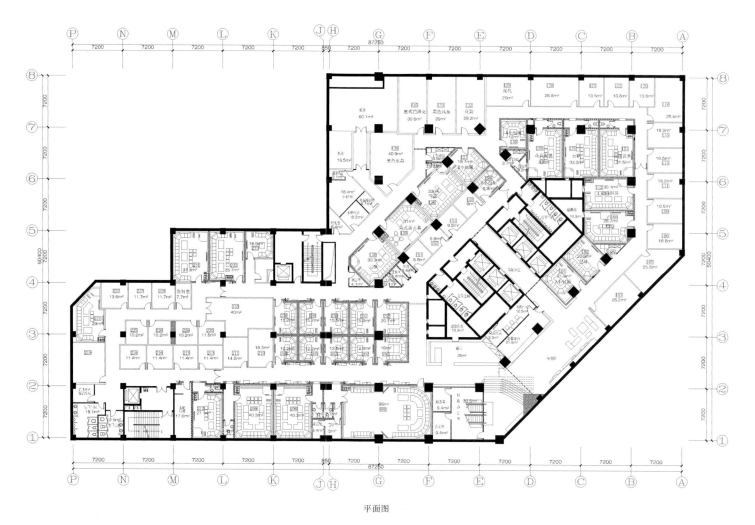

平面图

参评机构名／设计师名:
孙传进 Frank
简介:
获得奖项: "2012金堂奖年度十佳休闲空间设计", "2012金堂奖年度优秀休闲空间设计"。
成功案例: 宜兴巴登巴登温泉会所、镇江九鼎国际水会。

苏州爱都酒吧
I DO Club

A 项目定位 Design Proposition
摒弃纷繁复杂的夜场手法,将型、色、质三要素在空间自由交替。

B 环境风格 Creativity & Aesthetics
通过对空间界面的两种手法的对比, "解构"与"流体"的有机统一,黑暗的重调与专业灯光的完美调和呼应,动态实足的空间呼之欲出。

C 空间布局 Space Planning
在解决噪音问题的前提下,设计出各种转折形功能"声锁",聚强烈体验感。

D 设计选材 Materials & Cost Effectiveness
各种吸声材料,及铝板定制。

E 使用效果 Fidelity to Client
在当地引领了娱乐新风尚。

项目名称_苏州爱都酒吧
主案设计_孙传进
参与设计师_胡强
项目地点_江苏苏州市
项目面积_1000平方米
投资金额_1200万元

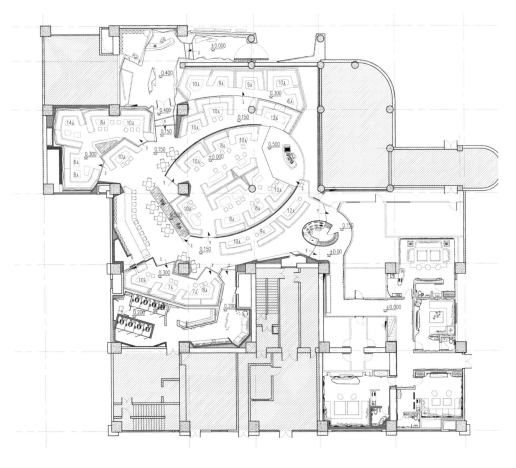

平面图

CHANCE

At night
A party is playing . . .
In Suzhou
I enjoy the moment of beauty

At the moment
looking at you ...
...angel
You are so elegant..
You are my oxygen..

Hello   Hello
Nice to meet you
How do you feel..

My life is a perfect chance
At night
Are you ready ...

Meeting you
is the most beautiful moment..
In my life ...

wish ..
Invite you to spend the rest of
my life
Yes I DO

参评机构名／设计师名：
杨竣淞 Onion Yang
简介：
主要荣誉：APIDA 亚太区室内设计大奖住宅
类 银奖，台湾 TID 室内设计 TID大奖。
代表作品：米乐星KTV武汉西园店，Ppaper
台北总部。

米乐星KTV武汉店
Milo Star KTV

A 项目定位 Design Proposition

给予大众消费者一个新的娱乐地点，不同于一般的KTV。

B 环境风格 Creativity & Aesthetics

童话乐园式的概念设计，植入小丑、独角兽、兔子⋯⋯各式动物雕像，依着合乎现实身形的比例大小呈现，来此欢聚的人们，仿佛成为缩小后的爱丽丝。

C 空间布局 Space Planning

运用森林里各种动物象征各种尺寸包厢的差异性，透过光氛展现出的形意，倾注娱乐意趣，带动整体的活泼性。例如VIP室及运用旋转木马、西洋棋的主题形式增加故事娱乐效果。以大型的游乐园作为创意发想，整合休闲多元化的概念，透过设计、灯光、语汇、造型建立另类的复合式空间旨趣与娱乐效果。

D 设计选材 Materials & Cost Effectiveness

媒材的选择上跳脱传统商业空间的不耐用或者沦为材料的拼贴；透过视觉、影像、色调传递魔幻的情境，如果把大厅与公共空间寓意为乐园，消费者是空间主角，歌唱的包厢便是森林洞穴，透过灯光的明暗层次设计出空间氛围，把主角留予人与音乐，利用色彩作为包厢的分类计划。

E 使用效果 Fidelity to Client

跳脱出一般大众对于KTV空间既有的印象，给予一种独特新奇的唱歌经验。

项目名称_米乐星ktv武汉店
主案设计_杨竣淞
参与设计师_王柏盛、张华茗
项目地点_湖北武汉市
项目面积_6200平方米
投资金额_2000万元

平面图

参评机构名/设计师名：
金丰 Jeff

简介：
工程师，室内建筑师，中国建筑学会室内设计分会会员。1974年6月出生，1997年毕业于甘肃工业大学（后更名为兰州理工大学），建筑工程系。2001年开始从事室内设计工作，2007年创立铭鼎室内空间艺术工作室，2013年成立兰州铭鼎室内设计有限公司，担任总设计师。

G+音乐酒吧
G+ MUSIC BAR

A 项目定位 Design Proposition
适合精神贵族，做有品位的夜店。

B 环境风格 Creativity & Aesthetics
大胆、另类个性凸显。

C 空间布局 Space Planning
根据原有建筑空间的形态精心布局，使得一个原本利用率很低的空间变得妙趣横生。

D 设计选材 Materials & Cost Effectiveness
考虑到投资有限，相当一部分材料在现场DIY制作，然后再使用。

E 使用效果 Fidelity to Client
得到业主、顾客、同行包括乐队及酒水供应商等等人群的一致好评。

项目名称_G+音乐酒吧
主案设计_金丰
项目地点_甘肃兰州市
项目面积_417平方米
投资金额_120万元

参评机构名/设计师名:
毛霭 kaaba
简介:
获得2007明星设计师称号, 获得2008焦点十大公益设计师称号, 获得2008中国住宅设计30人称号, 并得到殊荣及奖项, 获得2008威能杯广州赛区冠军, 并得到殊荣及奖项, 获得2008威能杯全国总决赛金奖, 并得到殊荣及奖

项澜庭设计工作室创建与独立化工作模式, 多项作品被选入媒体杂志2008, 获得《中国最具商业价值设计50强》称号并荣入50TOP藏书, 荣获IAI亚太建筑师与室内设计联盟专业会员2009粤东设计大赛优秀奖2009-2010年度杰出设计师, 作品被收纳中国2009样板房《住在中国I》《住在中国II》《住在中国III》《住在中国IV》天津大学出版社《2009中国样板间年

鉴》华中科技大学出版社《2009中国室内设计年鉴》, 深圳创扬文化2010德意杯全国大户型实景组金奖"金意陶杯"中国十大设计广东省十大新锐《中国最具商业价值设计50强荣誉作品》新华出版社201金堂奖最具生活价值奖多项作品入编《装家》《买楼通》《室内装饰》《设计家》《世界家苑》《雅致生活》等。2012《设计在客都》三等奖2012梅州装饰设计大赛:《锦发君城杯》三等奖, 个人优秀作品奖, 单项创新设计奖。2012意大利设计大奖A'Design Award奖亚军。

Hi8汽车酒吧
Hi8 Bus Bar

A **项目定位** Design Proposition

城市中年轻人在祈祷, 他们开着自己的车在游夜, 他们在拉风地寻找下一个猎物, 他们热爱汽车, 他们三五成群在议论着, 而我们的设计创造了一个空间, 送给属于他们的生活。

B **环境风格** Creativity & Aesthetics

金属, 水泥, 麻绳, 那些从废弃的垃圾中寻回来的精品, 我们组合它们, 在其中找到乐趣。

C **空间布局** Space Planning

开放, 一个真正属于加油站的娱乐场所。

D **设计选材** Materials & Cost Effectiveness

水泥墙的改造, 废弃零件的应用, pvc管道的组合。

E **使用效果** Fidelity to Client

三五成群的年轻人在一起, 在一起畅谈, 他们在讨论着越野, 他们在讨论着美女, 他们在畅饮啤酒和享受店中独有的鸡尾酒, 因为空间的独特让他们更放松, 其影响更大过奢华所带来的优越。

项目名称_Hi8汽车酒吧
主案设计_毛霭
项目地点_广东梅州市
项目面积_200平方米
投资金额_15万元

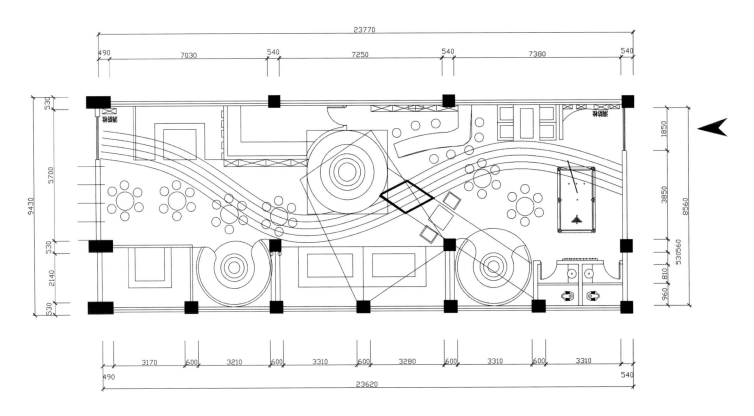

平面图

参评机构名／设计师名：
广州市陈立坚建筑装饰设计有限公司/
CLJD ASSOCIATES DESIGN
CONSULTANTS

简介：
我司于1998年在香港成立，随后返回内地延伸品牌，经过多年的横向拓展、纵向渗透，汇聚了行内众多的设计精英，建立起一个庞大的、能够创作大型综合项目的设计队伍。我司主要致力于酒店、休闲娱乐、房地产、办公等领域空间的室内外设计、建筑规划、软装配饰等，对各种空间的设计都有深厚的底蕴，多年来诞生了不少精品案例及得奖作品，受到众多客户的好评，特别是在酒店和休闲娱乐领域。在酒店业蓬勃发展的这近几年中，我们相继独自或协助国际知名建筑设计事务所设计了多家星级酒店及其配套休闲娱乐空间设计，其中不乏皇冠假日酒店、香格里拉酒店、星河湾酒店这些国内外知名品牌。我们除了在内地、香港的酒店设计业中占有一席之地外，诸如伊朗、越南等东南亚地区也都相继接受了酒店设计委托，我们将不断创新求变，将我们对设计、对艺术的热忱完全散发到我们为客户的梦想的演绎中去。

锦江宾馆新大楼会所
JinJiang Hotel Grand New Club

A 项目定位 Design Proposition
设计上致力于让每一位有品位、懂得享受生活的城市菁英拥有一个优质、雅致的私密欢聚空间。

B 环境风格 Creativity & Aesthetics
整体风格为后现代低调奢华。

C 空间布局 Space Planning
锦江宾馆新大楼会所总面积约为2000平方米，共有20个独立包房，设有大、中、小房以及PARTY房四种房型。

D 设计选材 Materials & Cost Effectiveness
各种房型运用不同的材料质感及家私色彩配搭、各具特色。

E 使用效果 Fidelity to Client
低调奢华的设计风格，让客人倍感踏实放松，客人与员工服务动线的有机分离让会所有着较高的私密性，适合各种亲友聚会、商务接待。

项目名称_锦江宾馆新大楼会所
主案设计_陈立坚
项目地点_四川成都市
项目面积_2000平方米
投资金额_1200万元

参评机构名／设计师名：

多维设计事务所／DOV DESIGN co

简介：

成都多维设计事务所是多维设计事务所大陆总部。多维设计成立于1995年，旗下有香港多维艺术有限公司，(香港)多维艺术陈设，成都大木设计中心和武汉多维空间艺术有限公司，专业从事建筑装饰工程设计。现为国家乙级

建筑装饰设计资质，获得国内外多种奖项。已经为多家国际品牌空间设计提供服务，其原创研究的"基于营销策划和客户需求的整合设计方法"以及"前设计系统"，已经在国内受到广泛关注。

室内设计领域：房产业空间、公建商业空间、精装房、办公空间、连锁专卖店、公共空间、配饰陈设工程设计。

we go奇幻纯K量贩KTV
We Go KTV

A 项目定位 Design Proposition
近两百幅奇幻平面图像、色彩和灯光全部都是由室内设计师设计制作。本案设计采用针对年轻人认同而市场稀有的梦境、奇幻元素为主题。在低投资前提下力图有别于club和传统量贩。

B 环境风格 Creativity & Aesthetics
时尚撞色，设计上摒弃了量贩式单一直白的色调，将金、银、酒红、深咖、暗紫、深蓝等多种颜色巧妙融合，令空间色彩丰富，层次突出，具有视觉冲击感。

C 空间布局 Space Planning
该KTV把平面设计作为空间设计的一大主题和亮点。采用一个包间一个主题的形式，打造奇幻量贩式KTV。两层楼统一在奇幻主题下略有区分，底层倾向于魔幻，次层倾向于科技梦幻。

D 设计选材 Materials & Cost Effectiveness
大量选用原创精细喷绘，加上低机理玻璃，低成本产生新奇的视觉效果。在选材方面加上了GRC制作的奇幻道具。

E 使用效果 Fidelity to Client
由于新奇，定位精准，主题实现度高，性价比高，在低端量贩市场引起轰动效果。

项目名称_we go奇幻纯K量贩KTV
主案设计_张晓莹
参与设计师_范斌、祝鹏、黄飞、赵发耀
项目地点_四川成都市
项目面积_3000平方米
投资金额_450万元

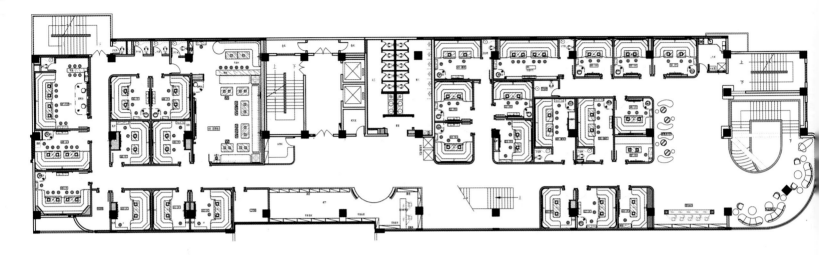

平面图